重量大法官

称称重量

贺 洁 薛 晨◎著 哐当哐当工作室◎绘

数学的
萌芽

北京科学技术出版社

克　　3元/千克　　5元/千克　　4元/千克　　6

　　懒惰鼠小的时候，最喜欢做的事就是跟着姐姐一起去菜市场。菜市场里有各种各样的水果和蔬菜。

　　"懒惰鼠，挑一种你喜欢吃的水果吧。"姐姐让懒惰鼠自己选。

　　菜市场里的水果有的是称重出售的，有的是按个出售的。懒惰鼠喜欢吃的菠萝今天卖 10 元一个。

　　选哪个呢？懒惰鼠有些为难。

　　懒惰鼠左手和右手各拿了一个菠萝，像法官一样表情严肃地掂了掂手里的菠萝。他感觉右手拿的菠萝重一点儿。

　　哈哈，就要这个。重一点儿的菠萝，果肉就多一点儿，就能多吃一些啦！

　　用手掂一掂就可以估量东西的重量，真好玩！

800克　　　1500克

　　挑选菠萝的时候，懒惰鼠经常选那些个头大的菠萝。因为他发现个头越大的菠萝，重量就越重。

　　同一种东西，通常可以根据大小来估重。

可是，怎么比较不同的东西的重量呢？一个小土豆很重，一个大辣椒却很轻。

这种时候，我们可以用秤来称重。

kg 读作"千克"
g 读作"克"

自从迷上了称重量，懒惰鼠见到秤就想称东西。于是，他有了新发现——同一种东西，有的秤显示"1500 g"，有的秤却显示"1.5 kg"。

1 kg = 1000 g

姐姐告诉懒惰鼠："为了计算和书写方便，人们设置了不同的重量单位。生活中，我们常用千克和克来表示物体有多重。克可以用'g'表示，千克可以用'kg'表示"。

　　"在称轻的物品时，我们通常说它的重量是'多少克'。
1克和1角硬币的重量差不多。"姐姐从钱包里取出一枚
1角硬币，让懒惰鼠放在手里掂一掂。

1000 枚

1000 克

1 千克

纯净水
500ml

纯净水
500ml

　　"1 千克相当于 1000 个 1 克。"1000 枚 1 角硬币有多重？懒惰鼠还真想象不出来！不过，姐姐说，2 瓶水的重量就接近 1 千克。

　　试试把 2 瓶水拿在手里，感受一下！

　　说到克和千克，懒惰鼠想到了自己的一件趣事。

　　在学校吃午饭时，其他同学吃一个 200 克的三明治就饱了，但他要足足吃 3 个才能饱。

0.6 千克 = 600 克

　　一顿饭吃 600 克的食物？懒惰鼠有点儿不好意思。但这种时候，鼠老师会对大家说："没关系，懒惰鼠只吃了 0.6 千克。"

　　"0.6"，听起来很少很少，懒惰鼠又开心起来了。

　　懒惰鼠的姐姐喜欢烘焙，常常做各种各样的面包。今天，姐姐要做牛角面包。姐姐准备原料时，懒惰鼠拿来了他的宝贝——电子秤。

电子秤的包装盒上画了许许多多的字母 g。

这个电子秤特别厉害，连很轻的 1 克的东西都能称出来，是做面包的最佳帮手！

很快，姐姐就把原料——面粉、糖、黄油、酵母、牛奶、鸡蛋、盐准备好了。

　　懒惰鼠也有小心思。今天，他准备偷偷往面粉里多加
一些糖……

　　"这样做出的面包一定够甜！"懒惰鼠想。

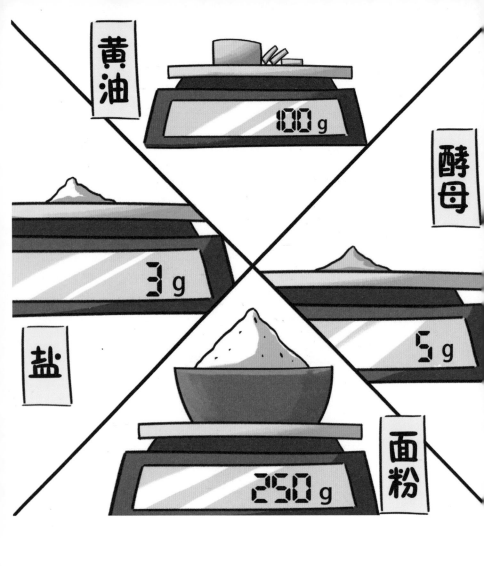

姐姐让懒惰鼠帮忙给原料称重。

开始称糖了。按照配方要求，懒惰鼠只需称 20 克糖，但他趁姐姐不注意，加到 30 克，再加 10 克，再加 10 克······最后，电子秤显示糖有 60 克了。

牛奶

面粉

盐

黄油

1

2

3

4

　　姐姐把各种材料混在一起，和成面团；又将面团分成几个小面团，然后把小面团静置发酵 50 分钟。

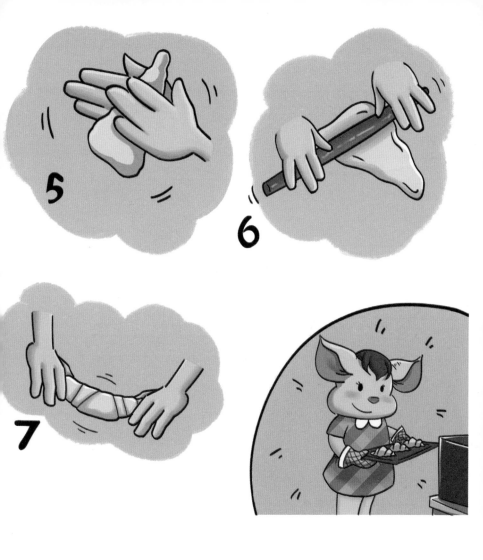

　　接着，姐姐把发酵好的面团先捏成三角形的样子，再擀成面饼，又教懒惰鼠把面饼卷成牛角状。最后，姐姐戴上大手套，把面团送进烤箱。

　　面包即将出炉，家里飘满了面包的香味，真是世界上最诱人的香味。

　　可刚出炉的牛角面包，姐姐只让他吃一个。

没关系，懒惰鼠还有绝招！

这天晚上，懒惰鼠等家里人都睡觉了，溜进厨房。他打开往常装面包的盒子，却发现没有面包，只有一张小纸条。

它们有多重

克、千克、吨

克可以用 g 表示，千克可以用 kg 表示，吨可以用 t 表示。

1 g 1000 g = 1 kg 1000 kg = 1 t

想一想，给下面物品填上合适的重量单位。

一个鸡蛋重约 50_____。　　一个西瓜重约 8_____。

一辆自行车重约 20_____。　货车能运载 2_____的货物。

常见的斤、两

除了吨、千克、克以外，我们生活中常用的重量单位还有斤和两。

 1 斤 = 500 g　　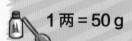 1 两 = 50 g

你能用斤、两为单位，说一说故事中出现的物品的重量吗？

例如

西瓜每千克 6 元，也可以说成每斤 3 元。